Y.Rameswara Reddy

Conceção e análise de uma placa de fratura da mandíbula pelo método de fundição

Y.Rameswara Reddy

Conceção e análise de uma placa de fratura da mandíbula pelo método de fundição

Metodologia da placa de fratura da mandíbula através da seleção de materiais, conceção, fundição e análise

ScienciaScripts

Imprint

Cover image: www.ingimage.com

This book is a translation from the original published under ISBN 978-620-6-77528-7.

Publisher:
Sciencia Scripts
is a trademark of
Dodo Books Indian Ocean Ltd. and OmniScriptum S.R.L publishing group

120 High Road, East Finchley, London, N2 9ED, United Kingdom
Str. Armeneasca 28/1, office 1, Chisinau MD-2012, Republic of Moldova, Europe
Printed at: see last page
ISBN: 978-620-8-33639-4

RESUMO

A lesão esquelética pode ser uma fratura óssea grave devido a acidentes e à fragilidade dos ossos numa determinada idade. Para curar a fratura, são utilizadas algumas placas de bloqueio para manter os ossos alinhados na posição original. A fratura é curada através da utilização de placas de fratura temporárias, permanentes e biodegradáveis. Fabrico de placas de bloqueio da mandíbula utilizando a impressão 3D e o processo de fundição.

O desenho e a análise das placas de bloqueio são efectuados pelo CATIA e pela máquina UTM (máquina de ensaio universal) no material fabricado e também a análise de software é efectuada no software Ansys. O Zamak é adequado para o fabrico de peças fundidas. Com base no estudo, é adequado para implantes médicos e é seguro para utilização como fixação interior na investigação em curso. Os dados 3D-CAD foram enviados para uma máquina de deposição por fusão (impressão 3D) para gerar um padrão mestre utilizando PLA (ácido poliláctico). Uma liga ZAMAK fundida foi vertida diretamente nos moldes e deixada até endurecer completamente. A peça produzida está então a fazer o acabamento da superfície. Foi efectuado um ensaio de flexão de 3 pontos na placa protótipo utilizando uma máquina de ensaios universal. O principal objetivo é diminuir o tempo de produção e mudar o material e fazer um método.

Índice

CAPÍTULO 1
FUNDIÇÃO

INTRODUÇÃO

A fundição é um método de fabrico aditivo. Durante este método, a estrutura do produto é construída num molde com areia verde e, em seguida, é retirado o metal com o qual se pretende fabricar o produto, que é fundido no estado líquido por aquecimento na câmara do forno e, em seguida, vertido no molde, aguardando que arrefeça e, em seguida, retirando o molde, limpa a superfície da partícula e remove as substâncias indesejadas da partícula do molde.

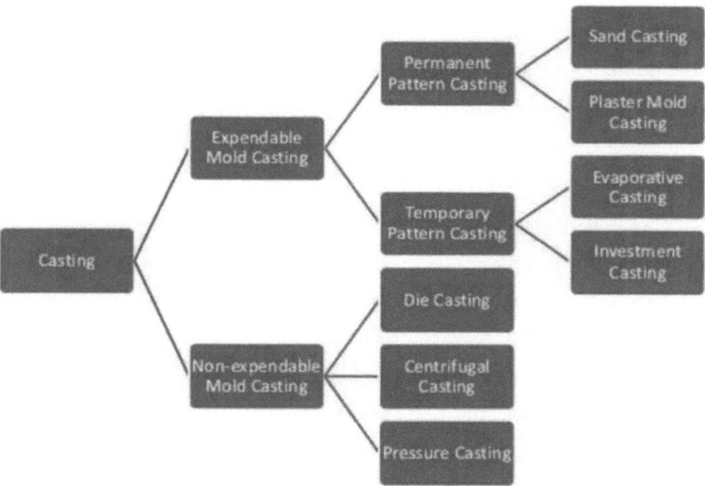

Fig. 1.1: Classificação do método de fundição

O processo de fundição pode ser dividido em dois grupos:

> **Fundição em molde descartável**
1. Fundição em areia
2. Fundição de moldes de gesso
3. Fundição evaporativa
4. Fundição por cera perdida

> **Fundição de moldes não descartáveis**
1. Fundição injectada
2. Fundição centrífuga
3. Fundição sob pressão

TERMINOLOGIA UTILIZADA NA FUNDIÇÃO

Molde: Um duplicado aproximado da peça fundida final utilizado para formar a cavidade do molde.

Material de moldagem: O material que é embalado à volta do molde e depois o molde é removido para deixar a cavidade onde o material de fundição será vertido.

Frasco: A estrutura rígida de madeira ou metal que contém o material de moldagem.

Cope: A metade superior do modelo, frasco, molde ou núcleo.

Arrasto: A metade inferior do modelo, frasco, molde ou núcleo.

Núcleo: Uma inserção no molde que produz caraterísticas internas na peça fundida, tais como orifícios. **Impressão do núcleo:** A região adicionada ao padrão, núcleo ou molde utilizada para localizar e suportar o núcleo.

Cavidade do molde: A área aberta combinada do material de moldagem e do núcleo onde o metal é vertido para produzir a peça fundida.

Riser: Um espaço extra no molde que se enche com material fundido para compensar o encolhimento durante a solidificação.

Sistema de canais: Os canais ligados que conduzem o material fundido para as cavidades do molde.

Copo de vazamento ou bacia de vazamento: A parte do sistema de comportas que recebe o material fundido do recipiente de vazamento.

Canal: O copo de vazamento liga-se ao canal, que é a parte vertical do sistema de canais. A outra extremidade da calha liga-se às corrediças.

Corrediças: A parte horizontal do sistema de portas que liga o jito às portas.

Portas: As entradas controladas das corrediças para as cavidades do molde.

Respiros: Canais adicionais que proporcionam uma saída para os gases gerados durante o vazamento.

Linha de partição ou superfície de partição: A interface entre as metades do molde, do frasco ou do modelo.

Rascunho: A conicidade da peça fundida ou do modelo que permite a sua retirada do molde **Caixa de machos:** O molde ou matriz utilizado para produzir os machos. Embora muitos processos convencionais sofram de defeitos, continuam a constituir uma parte importante da indústria de fundição.

A seguinte classificação geral baseia-se na reutilização do molde para o processo de solidificação.

FUNDIÇÃO DE AREIA

A fundição em areia, também conhecida como fundição moldada em areia, é um processo de fundição de metal caracterizado pela utilização de areia como material de molde. O termo "fundição em areia" pode também referir-se a um objeto produzido através do processo de fundição em areia. As peças fundidas em areia são produzidas em fábricas especializadas chamadas fundições. Mais de 70% de todas as peças metálicas fundidas são produzidas através de um processo de fundição em areia.

A fundição em areia é relativamente barata e suficientemente refractária, mesmo para utilização na fundição de aço. Para além da areia, um agente de ligação adequado (geralmente argila) é misturado ou ocorre com a areia. A mistura é humedecida, normalmente com água, mas por vezes com outras substâncias, para desenvolver a resistência e a plasticidade da argila e para tornar o agregado adequado para moldagem. A areia está normalmente contida num sistema de armações ou caixas de moldes conhecido como frasco. As cavidades do molde e o sistema de portas são criados compactando a areia em torno de modelos, ou padrões, ou esculpidos diretamente na areia.

Há seis etapas neste processo:

1. Colocar um padrão na areia para criar um molde.
2. Incorporar o padrão e a areia num sistema de portões.
3. Retirar o padrão.
4. Encher a cavidade do molde com metal fundido.
5. Deixar arrefecer o metal.
6. Quebrar o molde de areia e retirar a peça fundida.

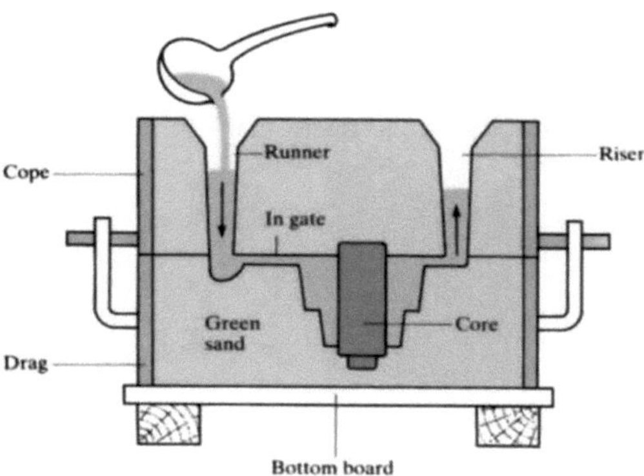

Fig. 1.2: Fundição em areia

MOLDAGEM EM GESSO

A fundição em molde de gesso é um processo de fundição para trabalhar metais semelhante à fundição em areia, exceto que o material de moldagem é o gesso de Paris em vez de areia. Tal como a fundição em areia, a fundição em molde de gesso é um processo de molde descartável; no entanto, só pode ser utilizado com materiais não ferrosos. É utilizado para peças fundidas tão pequenas como 30 g (1 oz) a tão grandes como 45 kg (99 lb). Geralmente, a forma demora menos de uma semana a preparar. Podem ser atingidas taxas de produção de 1-10 unidades/hora com moldes de gesso. As peças que são normalmente fabricadas por fundição em gesso são componentes de fechaduras, engrenagens, válvulas, acessórios, ferramentas e ornamentos.

O gesso não é gesso puro, mas tem aditivos para melhorar a resistência a verde, a resistência a seco, a permeabilidade e a capacidade de vazamento. Por exemplo, adiciona-se talco ou óxido de magnésio para evitar a fissuração e reduzir o tempo de endurecimento; a cal e o cimento limitam a expansão durante a cozedura; as fibras de vidro aumentam a resistência; a areia pode ser utilizada como enchimento. A proporção dos ingredientes é de 70-80% de gesso e 20-30% de aditivos.

O molde é normalmente feito de metal, mas podem ser utilizados moldes de borracha para geometrias complexas; estes moldes são designados por moldes de gesso de borracha. Por exemplo, se a peça fundida incluir ângulos reentrantes ou superfícies angulares complexas, a borracha é suficientemente flexível para ser removida, ao contrário do metal. Estes moldes são também económicos, reutilizáveis, mais precisos do que os moldes de aço, rápidos de produzir e fáceis de mudar.

As tolerâncias típicas são 0,1 mm (0,0039 in) para os primeiros 50 mm (2,0 in) e 0,02 mm por cada centímetro adicional (0,002 in por cada polegada adicional). É necessária uma inclinação de 0,5 a 1 grau. Os acabamentos de superfície padrão que podem ser alcançados são de 1,3 a 4 micrómetros (50-125 pinos).

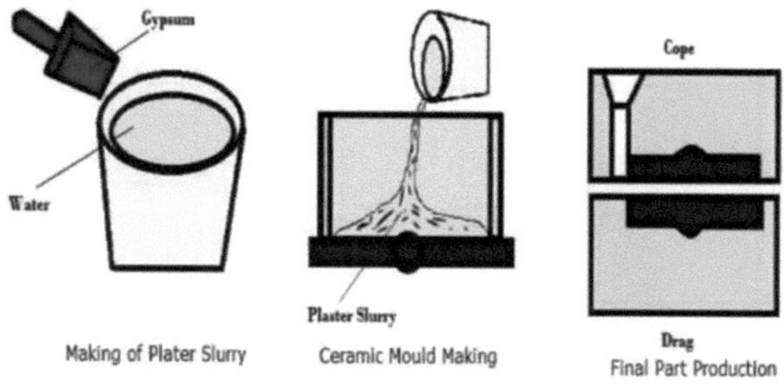

Fig: 1.3 Fundição em molde de gesso

MOLDAGEM POR EVAPORAÇÃO

A fundição com padrão evaporativo é um tipo de processo de fundição que utiliza um padrão feito de um material que se evapora quando o metal fundido é vertido na cavidade de moldagem. O material de padrão evaporativo mais comum utilizado é a espuma de poliestireno.

Os dois principais processos de fundição por evaporação são:

> Fundição de espuma perdida
> Fundição de molde completo

A principal diferença é que a fundição com espuma perdida utiliza areia não ligada e a fundição com molde completo utiliza uma areia ligada (ou areia verde). Devido ao facto de esta diferença ser bastante pequena, existe uma grande sobreposição na terminologia. Os termos não proprietários que têm sido utilizados para descrever estes processos incluem: fundição sem cavidades, fundição com espuma evaporativa, fundição com vaporização de espuma, fundição com padrão perdido e moldagem de poliestireno expandido. Os termos proprietários incluem Styro steel-cast, Fcam Cast e Replicast.

A fundição por espuma perdida (LFC) é um tipo de processo de fundição por evaporação que é semelhante à fundição por cera perdida, com a exceção de que é utilizada espuma para o molde em vez de cera. Este processo tira partido do baixo ponto de ebulição da espuma para simplificar o processo de fundição por cera perdida, eliminando a necessidade de derreter a cera para fora do molde.

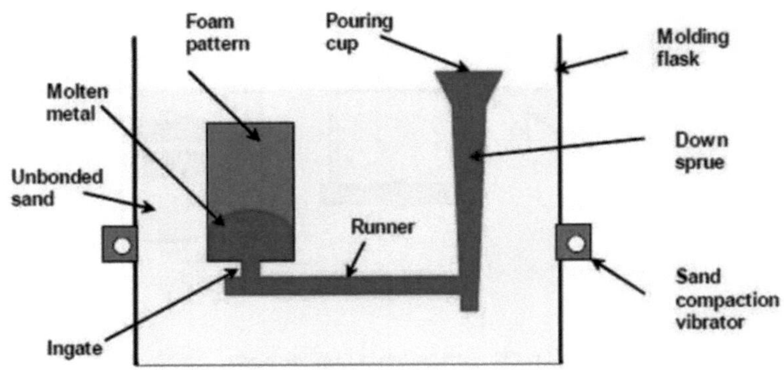

Fig: 1.4 Fundição com padrão evaporativo

FUNDIÇÃO POR CERA PERDIDA

A fundição por cera perdida é um processo industrial baseado e também designado por fundição por cera perdida, uma das mais antigas técnicas de formação de metal conhecidas. Desde há 5000 anos, quando a cera de abelha formava o padrão, até às ceras de alta tecnologia actuais, materiais refractários e ligas especializadas, as fundições permitem a produção de componentes com precisão, repetibilidade, versatilidade e integridade numa variedade de metais e ligas de alto desempenho. A fundição por espuma perdida é uma forma moderna de fundição por cera perdida que elimina determinadas etapas do processo.

O processo é geralmente utilizado para pequenas peças fundidas, mas tem sido utilizado para produzir caixilhos completos de portas de aeronaves, peças fundidas em aço até 300 kg e peças fundidas em alumínio até 30 kg. É geralmente mais caro por unidade do que a fundição sob pressão ou a fundição em areia, mas tem custos de equipamento mais baixos. Pode produzir formas complicadas que seriam difíceis ou impossíveis com a fundição sob pressão, mas, tal como este processo, requer pouco acabamento superficial e apenas uma maquinagem mínima. Um modelo em cera utilizado para criar uma pá de turbina de motor a jato As peças fundidas podem ser feitas a partir do próprio modelo em cera, o método direto, ou a partir de uma cópia em cera de um modelo que não precisa de ser em cera, o método indireto. Os passos seguintes referem-se ao processo indireto, que pode demorar entre dois dias e uma semana a ser concluído.

Produzir um modelo mestre: Um artista ou fabricante de moldes cria um padrão original a partir de cera, barro, madeira, plástico, aço ou outro material.

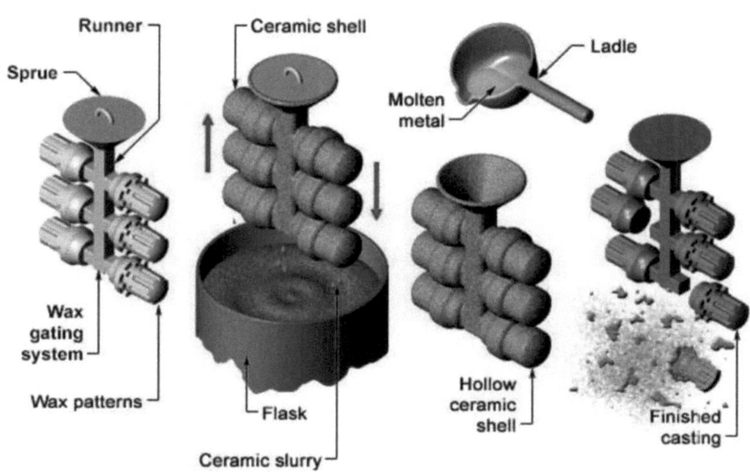

Fig: 1.5 Fundição por cera perdida

FUNDIÇÃO DE MORTE

A fundição injetada é um processo de fundição de metal que se caracteriza por forçar o metal fundido sob alta pressão numa cavidade do molde. A cavidade do molde é criada utilizando duas matrizes de aço endurecido para ferramentas que foram maquinadas e funcionam de forma semelhante a um molde de injeção durante o processo. A maior parte das peças fundidas sob pressão são fabricadas a partir de metais não ferrosos, nomeadamente ligas à base de zinco, cobre, alumínio, magnésio, chumbo, estanho e estanho. Consoante o tipo de metal a fundir, é utilizada uma máquina de câmara quente ou fria.

O equipamento de fundição e as matrizes metálicas representam grandes custos de capital, o que tende a limitar o processo à produção de grandes volumes. O fabrico de peças utilizando a fundição sob pressão é relativamente simples, envolvendo apenas quatro passos principais, o que mantém o custo incremental por peça baixo. É especialmente adequado para uma grande quantidade de peças fundidas de pequena e média dimensão, razão pela qual a fundição injetada produz mais peças fundidas do que qualquer outro processo de fundição. As peças fundidas sob pressão são caracterizadas por um acabamento superficial muito bom (segundo os padrões de fundição) e consistência dimensional.

Duas variantes são a fundição sob pressão sem poros, que é utilizada para eliminar defeitos de porosidade do gás; e a fundição sob pressão por injeção direta, que é utilizada com peças fundidas de zinco para reduzir os resíduos e aumentar o rendimento.

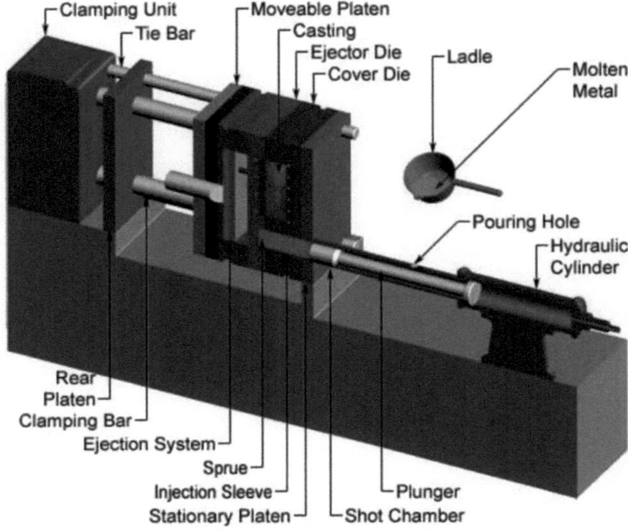

Fig: 1.6 Fundição sob pressão

FUNDIÇÃO CENTRÍFUGA

A fundição centrífuga em ourivesaria é uma técnica de fundição em que um pequeno molde é vazado e depois rodado na extremidade de um braço. A força centrífuga assim gerada favorece o sucesso do vazamento.

A força centrífuga (do latim centrum, que significa "centro", e fugere, que significa "fugir") é a força aparente que afasta um corpo em rotação do centro de rotação. É causada pela inércia do corpo, uma vez que a trajetória do corpo é continuamente redireccionada. Na mecânica newtoniana, o termo força centrífuga é utilizado para designar um de dois conceitos distintos: uma força inercial (também designada por força "fictícia") observada num referencial não inercial e uma força de reação correspondente a uma força centrípeta.

O termo é também por vezes utilizado na mecânica Lagrangiana para descrever certos termos na força generalizada que dependem da escolha das coordenadas generalizadas.

O conceito de força centrífuga é aplicado em dispositivos rotativos como centrífugas, bombas centrífugas, reguladores centrífugos, embraiagens centrífugas, etc., bem como em caminhos-de-ferro centrífugos, órbitas planetárias, curvas inclinadas, etc.

Estes dispositivos e situações podem ser analisados quer em termos da força fictícia no sistema de coordenadas rotativas do movimento relativo a um centro, quer em termos de

em termos das forças centrípetas e centrífugas reactivas vistas de um referencial não rotativo; estas forças diferentes são iguais em magnitude, mas as forças centrífugas e centrífugas reactivas são opostas em direção à força centrípeta.

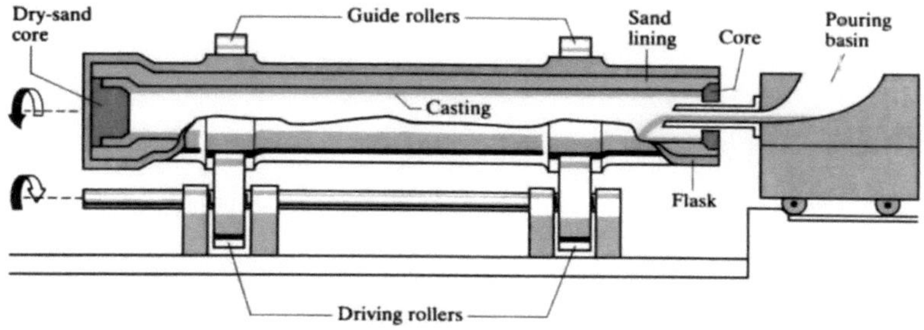

Fig: 1.7 Fundição centrífuga

A fundição centrífuga é também conhecida como fundição roto. É uma técnica de fundição que é normalmente utilizada para fundir cilindros de paredes finas. É normalmente utilizada para fundir materiais como metais, vidro e betão. É possível obter uma qualidade fina através da gestão da metalurgia e da estrutura cristalina. Ao contrário da maioria das técnicas de fundição alternativas, a fundição centrífuga é principalmente utilizada para fabricar materiais de stock rotacionalmente simétricos em tamanhos padrão para posterior maquinação, em vez de peças moldadas à medida de uma determinada utilização final.

FUNDIÇÃO SOB PRESSÃO

A fundição sob pressão é um processo de fabrico rápido, fiável e rentável para a produção de grandes volumes; os componentes metálicos em forma de rede têm tolerâncias apertadas. Basicamente, o processo de fundição sob pressão consiste em injetar sob alta pressão uma liga metálica fundida num molde (ou ferramenta) de aço. Este é solidificado rapidamente (de milissegundos a alguns segundos) para formar um componente em forma de rede. Este é depois extraído automaticamente.

Tipos de fundição injectada sob pressão

- Fundição injectada a alta pressão
- Fundição injectada a baixa pressão

Em função da pressão utilizada, existem dois tipos de fundição injectada sob pressão: a fundição injectada a alta pressão e a fundição injectada a baixa pressão. A fundição sob pressão de alta pressão tem uma aplicação mais alargada, abrangendo quase 50% de toda a produção de fundição de ligas leves.

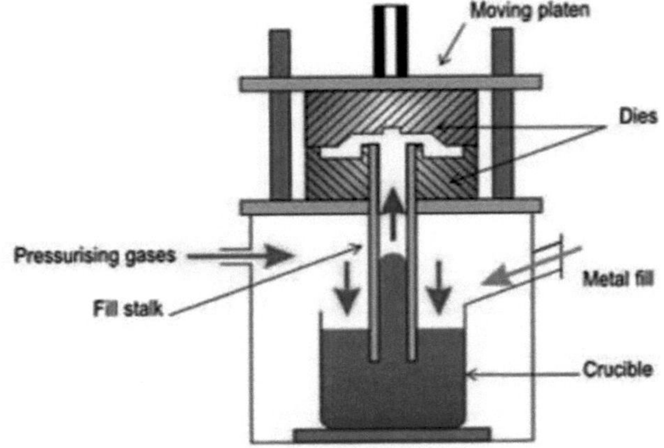

Fig. 1.8: Fundição sob pressão

Atualmente, a fundição injectada a baixa pressão representa cerca de 20% da produção total, mas a sua utilização está a aumentar. As peças fundidas a alta pressão são necessárias para peças fundidas que requerem uma tolerância apertada e uma geometria pormenorizada. Uma vez que a pressão extra é capaz de empurrar o metal para caraterísticas mais pormenorizadas no molde. A fundição sob pressão de baixa pressão é normalmente utilizada para peças maiores e não críticas. No entanto, a máquina e os respectivos moldes são muito dispendiosos e, por esta razão, a fundição sob pressão só é viável para a produção de grandes volumes.

VANTAGENS DA FUNDIÇÃO

> Menos dispendioso.
> Tolerância dimensional apertada.
> Podem ser fundidos metais ferrosos e não ferrosos.
> O tamanho não é importante para a fundição.

DESVANTAGENS DA FUNDIÇÃO

> Não é adequado para a produção em massa.
> Mau acabamento da superfície.

CAPÍTULO 2
REVISÃO DA LITERATURA

INTRODUÇÃO

O registo mais antigo do tratamento de fracturas da mandíbula data de 1650 B. C. Quando um papiro egípcio de Edwin Smith descreveu o exame, o diagnóstico e o tratamento das fracturas da mandíbula. O tratamento descrito para as fracturas da mandíbula foi considerado incurável e, por isso, não foi tratado. O paciente morreu posteriormente.

REVISÃO DA LITERATURA

D Vojte. Ch, J. Kubasek, J. Serak, P. Novak [1]: As ligas de Zn-Mg contendo cerca de 1 milhão de Mg estão planeadas para utilização em implantes cirúrgicos biodegradáveis, tais como fixações ósseas. Estas ligas podem ser consideradas substitutas das ligas biodegradáveis à base de Mg. As ligas de Zn-Mg têm uma estrutura relativamente fina constituída por zinco primário e uma mistura eutéctica interdendrítica. O produto de tal conceção é uma boa resistência mecânica, semelhante à do osso, que é muito superior à dos materiais poliméricos biodegradáveis. Acredita-se que o uso da extrusão a quente produzirá um aumento adicional no desempenho das ligas Zn-Mg.

Xiang Wang, Xiaoxi Shao, Taiqiang Dai [2] realizaram uma experiência sobre a eficácia, a biossegurança e a degradabilidade de um novo tipo de material de liga de zinco, que foi avaliado num modelo de fratura mandibular canina durante um período de observação de 24 semanas. Os resultados mostraram que o sistema de osteossíntese de liga de zinco possui boas propriedades mecânicas, boa biocompatibilidade e um comportamento de degradação uniforme e lento. Os resultados deste estudo apoiam a potencial utilização clínica da liga de zinco em novos dispositivos de osteossíntese.

Zibo Tang, Hua Huang [5] As ligas de Zn-3Cu-xMg (x = 0, 0,1, 0,5 e 1,0 wt. %) recentemente desenvolvidas são investigadas para potencial aplicação biomédica. Os resultados dos testes de citotoxicidade indicam que as ligas de Zn-3Cu-xMg são biocompatíveis, o que significa uma boa biossegurança das ligas a nível celular. A viabilidade celular aumenta com o aumento do teor de Mg.

C. M.Meenakshi, Karthikeyan.D [6]: Neste caso, a fabricação de placas de compressão de bloqueio é feita usando impressão 3D, que é usada para fixação de fraturas ósseas e outras

traumas, para fixação interna. Pode ser utilizada como uma placa convencional utilizando apenas compressão dinâmica, como fixadores internos utilizando parafusos de cabeça bloqueada ou como ambos combinados.

Jeri Ukase, Caliber Rotech [7]: As ligas Zn-Mg estudadas foram caracterizadas por uma excelente resistência à corrosão e boas propriedades mecânicas no estado fundido. A combinação adequada de tratamentos mecânicos e térmicos permite obter uma melhoria adicional da resistência. Com base nestes factos, as ligas de Zn-Mg podem ser consideradas como materiais adequados para implantes biodegradáveis. Devido às taxas de corrosão muito baixas da liga à base de Zn, as doses estimadas de iões de zinco libertadas pelos implantes não devem exceder o limite tolerável de ingestão diária de Zn.

H.R.Bakhsheshi-Rad, E.Hamzah, H.T.Low [8]: Neste, são feitas amostras de ligas de Zn- 0,5Al-xMg e a liga de Zn-0,5Al com conteúdo variável de Mg (0,1, 0,3 e 0,5 wt. %) foi investigada como materiais biodegradáveis para aplicações de implantes. Além disso, a taxa de corrosão diminui com o aumento do teor de Mg de 0,1 para 0,5 wt. % após 720 h de imersão na solução SBF. Os resultados de citotoxicidade demonstraram que a liga Zn- 0,5Al-0,5Mg é biocompatível e apresenta melhor atividade antibacteriana do que as outras ligas. Estas propriedades fazem do Zn-0,5Al-0,5Mg um candidato preferível para materiais biodegradáveis ortopédicos.

CAPÍTULO 3
PLACAS DE FRACTURA DA MANDÍBULA

OSSO MANDIÁVEL

A mandíbula é uma palavra latina que significa maxilar inferior. Mandere significa mastigar. Daí deriva a palavra mandíbula. A mandíbula é o maior, mais forte e mais baixo osso da face. A mandíbula tem a forma de um U. É o único osso do crânio (com exceção dos ossículos timpânicos) que é capaz de se mover separadamente. A mandíbula é formada para suportar os dentes inferiores que se opõem aos do maxilar superior, dá inserção aos músculos da mastigação e origem aos músculos da língua, do pavimento da boca e a alguns músculos da expressão facial.

A mandíbula é composta por 2 hemi mandíbulas unidas na linha média por uma sínfise vertical. As hemi-mandíbulas fundem-se para formar um único osso por volta dos 2 anos de idade. Cada hemi-mandíbula é composta por um corpo horizontal, designado por corpus, e por um prolongamento vertical posterior, designado por ramus.

FRACTURAS DA MANDÍBULA

Fratura simples

Uma fratura simples é uma fratura no osso que não produz uma ferida aberta na pele. A fratura simples é também conhecida como fratura fechada. Os tecidos adjacentes à fratura podem ou não sofrer lesões consideráveis. Linhas de fratura lineares que não comunicam com o exterior.

Fratura composta

A fratura composta também é conhecida como fratura exposta. Na fratura composta com uma ferida externa que se estende até ao osso. A fratura comunica com a ferida externa que envolve a pele, a mucosa ou a membrana periodontal.

CAUSAS DAS LESÕES FACIAIS

Os ferimentos faciais são resultados causados por várias influências diferentes, em que é aplicada demasiada pressão do exterior sobre as áreas faciais, causando danos nos tecidos moles ou fracturas ósseas. Independentemente de a força aplicada ser o resultado de um acidente desportivo, como ciclismo de montanha, futebol, surf, resultante de acidentes da vida quotidiana ou mesmo de violência.

DIAGNÓSTICO

O diagnóstico das fracturas mandibulares deve começar com uma história e um exame clínico cuidadosos. Deve ser sempre dada atenção imediata a problemas associados ao comprometimento das vias respiratórias e a hemorragias que possam pôr em perigo a vida do doente. Quando se suspeita de uma fratura mandibular, é fundamental um exame clínico meticuloso da região maxilofacial, que deve ser efectuado antes da requisição de estudos imagiológicos radiográficos.

> Exame clínico
> Exame radiográfico
> Exame de tomografia computorizada

OSTEOSSÍNTESE

A osteossíntese é definida como a fixação de um osso. É um procedimento cirúrgico para tratar fracturas ósseas em que os fragmentos de osso são unidos com parafusos, placas, pregos ou arames. O osso fracturado é fixado com os elementos acima referidos e pode tricotar de forma estável na posição correta. A osteossíntese ou a fixação interna do osso não são utilizadas para tratar todos os tipos de fratura óssea. A osteossíntese é mais adequada para fracturas ósseas abertas com lesões concomitantes da pele ou dos tecidos moles. É também a forma preferida de tratamento para fracturas ósseas com múltiplos fragmentos, fracturas ósseas na perna e fracturas ósseas em doentes com osteoporose.

São utilizados diferentes métodos de osteossíntese, como a osteossíntese com parafuso, a osteossíntese com placa, a osteossíntese com pino intramedular, a osteossíntese com banda de tensão, a fixação com fio de Kirsches, os dispositivos de fixação externa e o parafuso dinâmico da anca. Atualmente, os materiais utilizados consistem principalmente em titânio.

Materiais utilizados na osteossíntese

Os três principais grupos de metais biocompatíveis são

> aço inoxidável,
> liga de cobalto-crómio, e
> Titânio e suas ligas.
> Outros biometais como o Mg, o Zn e as ligas Mg-Zn, etc.

Outros biometais Vários outros metais têm sido estudados para aplicações de implantes. Entre os materiais metálicos biodegradáveis, o magnésio é o que tem suscitado maior interesse. Não é tóxico para o corpo humano e quantidades excessivas podem ser facilmente excretadas pelos rins. O magnésio é também muito importante para as funções biológicas do corpo humano. No entanto, as ligas de magnésio sofrem uma corrosão demasiado rápida em ambientes fisiológicos, o que produz bolsas de hidrogénio perto do implante e atrasa o processo de cicatrização. Os estudos sobre as ligas Mg-Zn destacam que estas têm elevadas resistências à tração e não apresentam efeitos adversos devido ao zinco libertado. Do mesmo modo, os estudos sobre Mg-Zn-Ca, Mg-Y-Zn, Mg-Ca, Mg-Dy (disprósio) reconhecem o seu elevado potencial para utilização no fabrico de implantes de fixação interna.

FIXAÇÃO RÍGIDA

A fixação interna rígida tornou-se um método popular para tratar fracturas do esqueleto facial. A fixação rígida pode produzir estabilidade tridimensional do local da fratura, promovendo a consolidação primária da fratura. Quando é alcançada a estabilidade absoluta dos fragmentos, é possível a função imediata da mandíbula no pós-operatório. A fixação rígida na mandíbula refere-se a uma forma de tratamento que consiste em aplicar uma fixação para reduzir adequadamente a fratura e também permitir a utilização ativa da mandíbula durante o processo de cicatrização.

- Placas de compressão
- Placas de reconstrução
- Placas de reconstrução com bloqueio
- Fixação com parafuso de retração
- Miniplacas
- Placas biodegradáveis

Placas de compressão

Design da placa de compressão os orifícios dos parafusos da placa têm uma inclinação; à medida que o parafuso é apertado, a cabeça desliza por esta inclinação, comprimindo assim a fratura.

Fig. 3.1: Placa de compressão

Placas de reconstrução

As placas de reconstrução são recomendadas para fracturas cominutivas e também para colmatar lacunas de continuidade. Estas placas são rígidas e têm parafusos correspondentes com um diâmetro de 2,3-3,0 mm. As placas de reconstrução podem ser adaptadas ao osso subjacente e contornadas em três dimensões.

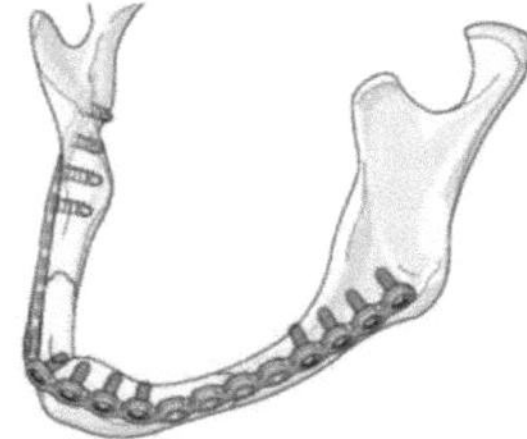

Fig. 3.2: Placa de reconstrução

Fixação com parafusos de retração

Os parafusos de retração podem proporcionar a osteossíntese de fracturas mandibulares. Funcionam bem em fracturas oblíquas e requerem um mínimo de dois parafusos. O parafuso de desfasamento encaixa no córtex oposto enquanto se encaixa passivamente no córtex do segmento ósseo exterior.

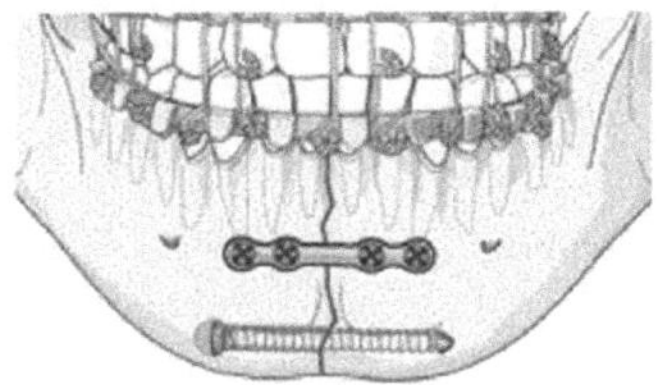

Fig. 3.3: Parafuso de fixação

Miniplacas

As miniplacas referem-se tipicamente a placas pequenas com um diâmetro de parafuso de 2,0 mm. Estas placas têm demonstrado ser eficazes no tratamento de fracturas mandibulares. Normalmente, é necessária uma placa superior e inferior para uma fixação adequada. Uma vantagem destas placas é o facto de serem suficientemente estáveis para evitar a necessidade de fixação maxilo-mandibular e de terem um perfil muito baixo.

Placas de reconstrução com bloqueio

A utilização de um sistema de placa óssea de reconstrução/parafuso bloqueado para cirurgia mandibular. Este sistema simplificou o mecanismo de bloqueio entre a placa e o parafuso, encaixando as roscas da cabeça do parafuso com as roscas da placa de reconstrução, eliminando assim a necessidade de parafusos de expansão.

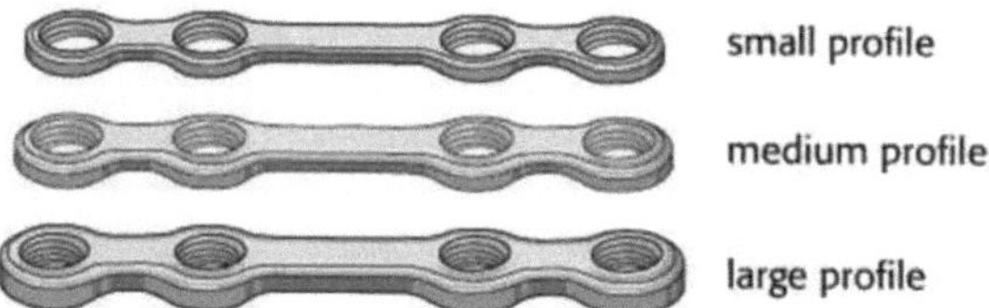

Fig. 3.4: Placa de bloqueio

Os sistemas de placa/parafuso de bloqueio oferecem vantagens em relação às placas de reconstrução convencionais. Estas placas funcionam como fixadores internos, alcançando estabilidade através do bloqueio do parafuso à placa e permitem uma maior estabilidade em comparação com as placas convencionais.

Placas bioreabsorvíveis

As placas bio-reabsorvíveis são fabricadas a partir de quantidades variáveis de materiais, incluindo a polidioxanona (PDS), o ácido poliglicólico e o ácido poliláctico. Laughlin demonstrou no seu estudo que as placas reabsorvíveis têm um desempenho igual ao das placas de titânio de 2 mm, no que diz respeito à cicatrização da fratura com união óssea e restauração da função. Também estamos a utilizar placas reabsorvíveis no tratamento de rotina de fracturas mandibulares.

Fig. 3.5: Placas bioreabsorvíveis

CAPÍTULO 4
IMPRESSÃO 3D

4.1 INTRODUÇÃO À PROTOTIPAGEM RÁPIDA

A prototipagem rápida (PR) é um processo que permite fabricar uma peça camada a camada. Esta tecnologia também tem sido referida como fabrico em camadas, fabrico aditivo e fabrico rápido. A prototipagem rápida gera automaticamente objectos físicos diretamente a partir de dados CAD 3D através da deposição de material camada a camada, ao contrário dos métodos convencionais, em que o material é removido para obter o objeto final. Fundamentalmente, o desenvolvimento da tecnologia de prototipagem rápida pode ser dividido em quatro aspectos principais: Entrada, Método, Material e Aplicações. A entrada refere-se à informação eletrónica necessária para descrever o objeto físico com dados numéricos. Na última década, foram desenvolvidas várias técnicas de prototipagem rápida. Existem vários métodos utilizados em diferentes sistemas de prototipagem rápida fornecidos por cada fornecedor. Os materiais utilizados nos diferentes sistemas de prototipagem rápida também são variados. O estado inicial destes materiais pode ser sólido, líquido ou em pó. As aplicações podem ser agrupadas em design, educação, engenharia e análise, e fabrico e ferramentas. Uma vasta gama de indústrias pode beneficiar da tecnologia de prototipagem rápida

CLASSIFICAÇÃO DA TECNOLOGIA DE PROTOTIPAGEM RÁPIDA

Tabela 4.1: Classificação da prototipagem rápida

Base líquida	Litografia estéreo (STL)
	Objeto Polyjet
	Cubital Solid Ground Curing (SGC)
	Fabrico de partículas balísticas (BPM)
Base sólida	Fabrico de objectos laminados (LOM)
	Modelação por deposição fundida (FDM)
À base de pó	Sinterização selectiva por laser (SLS)
	Impressão 3D (3DP)

Base líquida	Litografia estéreo (STL)
	Objeto Polyjet
	Cubital Solid Ground Curing (SGC)
	Fabrico de partículas balísticas (BPM)
	Modelação da rede concebida por laser (LENS)

Para criar uma peça utilizando técnicas de Prototipagem Rápida, é necessário efetuar várias etapas. Todos os sistemas de PR têm geralmente etapas de processo semelhantes:

1. Criar um modelo CAD para descrever o objeto físico.
2. Converter o modelo CAD para um formato de ficheiro de litografia estéreo (STL).
3. Pré-processamento de ficheiros: corrigir erros de ficheiros, dividir o modelo em camadas de secções transversais e distribuir a orientação do modelo.
4. Construir o protótipo.
5. Pós-processamento: limpar e remover o excesso de material do modelo.

PROTOTIPAGEM RÁPIDA COM BASE EM LÍQUIDOS

ESTEREOLITOGRAFIA (STL)

Na técnica de RP de base líquida, a tecnologia mais utilizada é a litografia estéreo (SLA). A máquina de SLA começa por desenhar as camadas das estruturas de ajuda, seguidas da própria peça, com um laser ultravioleta apontado para a superfície de uma resina líquida termoendurecida. Depois de uma camada ter sido desenhada na superfície da seiva, a fase de fabrico desce e uma barra de recobrimento desloca-se sobre a fase para aplicar a camada seguinte de seiva.

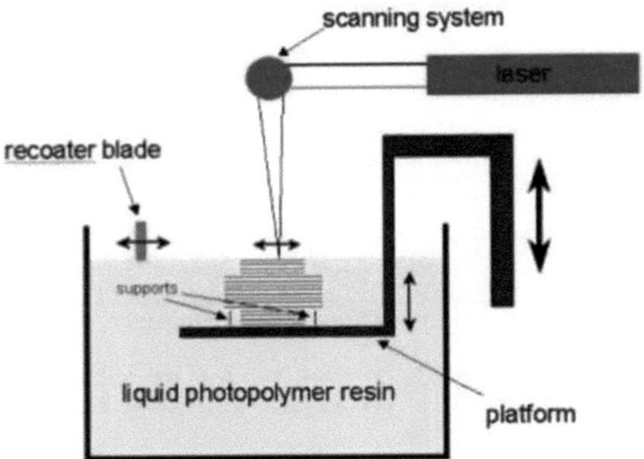

Fig. 4.1: Litografia estéreo

O procedimento é repetido camada por camada até ao momento em que a peça está terminada. As peças recentemente fabricadas são removidas da máquina e levadas para um laboratório onde são utilizados solventes para evacuar quaisquer alcatrões extra. No momento em que as peças estão totalmente impecáveis, as estruturas de ajuda são fisicamente removidas. A partir desse ponto, as peças passam por um ciclo de restauração UV para endurecer completamente a superfície externa da peça. O último avanço no procedimento de SLA é a utilização de qualquer embalagem personalizada ou determinada pelo cliente. As peças trabalhadas em SLA devem ser utilizadas com uma apresentação mínima de exposição a UV e humidade para não se degradarem.

OBJET POLYJET

O fabricante, a Objet Geometries, foi a primeira empresa a aplicar com êxito o jato de material de fotopolímero utilizando a sua tecnologia patenteada Polyjet para produzir um modelo complexo a partir de ficheiros de geometria 3D no início de 2000.

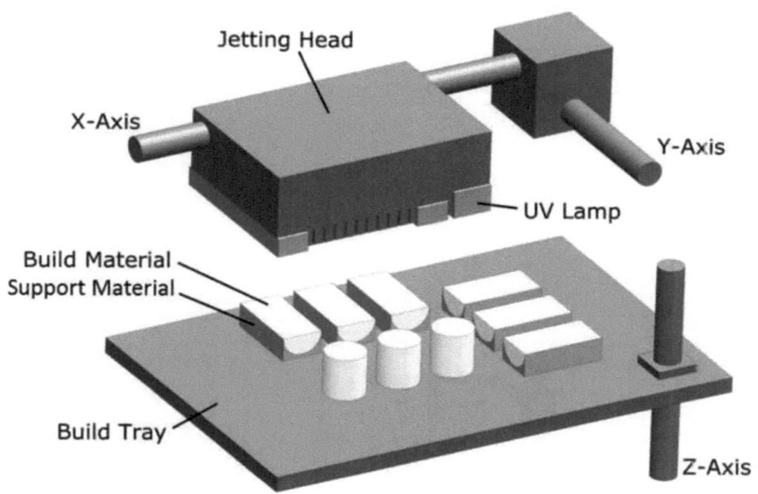

Fig: 4.2 Objet PolyJet

Uma cabeça de impressão composta injecta uma camada de 20 pm de espessura de material fotopolímero no tabuleiro de construção apenas nas áreas que correspondem ao perfil da secção transversal de uma descrição digital 3D da peça. Simultaneamente, a camada de fotopolímero é curada por luz UV depois de ser injectada, e cada camada é ajustada para 16 pm por um rolo que é movido através do tabuleiro de construção imediatamente após a deposição. A adição e a solidificação repetidas das camadas de material fotopolímero produzem um modelo tridimensional sólido até à sua conclusão. Para evitar o colapso das estruturas durante a produção, é injetado, juntamente com o material do modelo, um material de suporte semelhante a gel, especialmente concebido para suportar geometrias complicadas. Quando o modelo está concluído, o material de suporte é facilmente removido à mão e por jato de água, deixando apenas o material de fotopolímero endurecido. O PolyJet da Objet oferece uma grande variedade de materiais para diferentes geometrias, propriedades mecânicas e cores; a utilização do mesmo material de suporte para todos os tipos de modelos torna a mudança de material fácil e rápida. Além disso, a tecnologia PolyJet Matrix permite o jato simultâneo de diferentes tipos de materiais de modelo. Pode injetar dois materiais de modelo de fotopolímero distintos em combinações predefinidas.

FABRICO DE PARTÍCULAS BALÍSTICAS (BPM)

Outra categoria interessante de processos de AM é conhecida como fabrico de partículas balísticas (BPM).

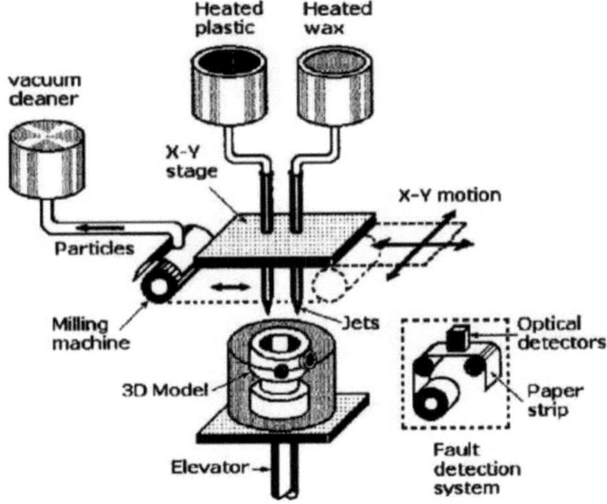

Fig: 4.3 Fabrico de partículas balísticas

Para que haja um fluxo contínuo de materiais a sair do bocal, é concebido um conjunto de piezoeléctricos que, com base na pressão, excitam os sensores do bocal e asseguram a existência de um fluxo de materiais. No entanto, os materiais podem ser aplicados sob a forma de gotículas. Quando o material de deposição está virado para o substrato frio, a forma semi-sólida muda rapidamente para sólida e, em certa medida, o material é soldado às camadas anteriores. Por outro lado, é utilizado um campo elétrico para guiar as gotículas ou o fluxo de materiais para os locais desejados e formar o desenho e a geometria necessários. O processo é semelhante ao do jato de tinta, mas com a diferença de que é um processo 3D e é controlado por uma unidade de processamento de computador. À semelhança de outros processos, em geometrias complexas é necessário um desenho de suporte. No entanto, os suportes podem ser feitos de um material específico que pode ser dissolvido em solventes. Com esta caraterística, não há limitação na remoção de pilares de suporte de diferentes partes de um desenho complicado. Além disso, o BPM pode ser conduzido em atmosfera protegida que liberta uma elevada precisão geométrica e qualidade de superfície, sem necessidade de pós-processamento das peças fabricadas. Além disso, foi mencionado na literatura que a densidade das peças é suficientemente elevada para ter um desempenho próximo das peças fabricadas convencionalmente. Ilustra uma visão geral do BPM.

CURA EM TERRA FIRME (SGC)

O alívio de solo sólido (SGC) é uma inovação de fabricação de substância adicionada baseada em polímero fotográfico utilizada para fornecer modelos, modelos, exemplos e peças de geração, em que a criação da geometria da camada é concluída por métodos para uma poderosa luz UV através de um véu.

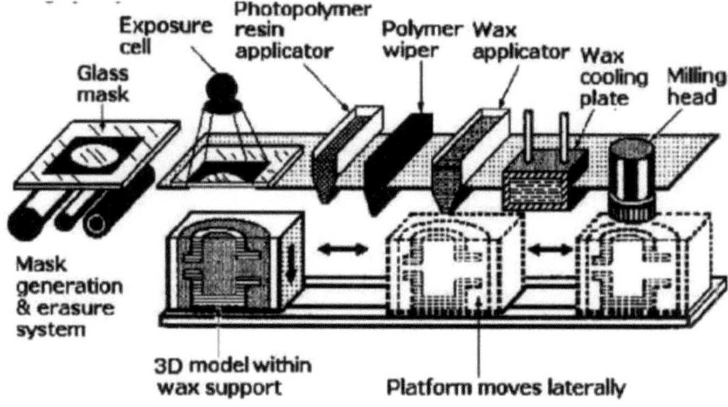

Fig: 4.4 Cura em solo sólido

Como a premissa do alívio do solo sólido é a introdução de cada camada do modelo por métodos para uma luz através de uma cobertura, o tempo de manuseamento para a idade de uma camada é autónomo da natureza multifacetada da camada. O SGC foi criado e popularizado pela Cubital Ltd. de Israel em 1986, com o nome opcional de Solider System. Embora a estratégia oferecesse uma grande precisão e uma elevada taxa de criação, apresentava elevados custos de obtenção e de trabalho devido à complexidade da estrutura. Este facto levou a um fraco reconhecimento do mercado. O alívio de bases sólidas utiliza o procedimento geral de solidificação de fotopolímeros através de uma iluminação total e solidificação de toda a superfície, utilizando coberturas excecionalmente dispostas. No processo SGC, cada camada do modelo é restaurada através da apresentação a uma luz ultravioleta (UV) em vez de uma filtragem a laser. Assim, cada parte de uma camada é aliviada ao mesmo tempo e não necessita de quaisquer formas de pós-restauro.

PROTOTIPAGEM RÁPIDA COM BASE EM SÓLIDOS

FABRICO DE OBJECTOS LAMINADOS

Trata-se de um modelo para impressão 3D. Foi produzido pela empresa Helisys, sediada na Califórnia. No processo LOM, camadas de material sintético ou de papel são entrelaçadas ou cobertas utilizando calor e massa, e depois disso são riscadas na forma desejada com um laser de controlo de PC ou uma aresta de corte. Embora o LOM não seja a estratégia mais conhecida para a impressão 3D ut ilizada hoje em dia, é, por assim dizer, uma das abordagens mais rápidas e principalmente modestas para fazer modelos 3D.

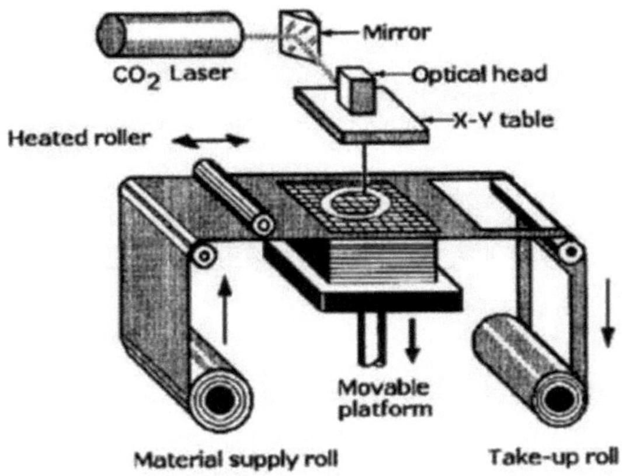

Fig. 4.5: Fabrico de objectos laminados

Como todos os objectos impressos em 3D, os modelos feitos com uma estrutura LOM começam como documentos CAD. Antes de um modelo ser impresso, o seu ficheiro CAD tem de ser alterado para uma organização, de modo a que uma impressora 3D possa ver, normalmente, STL ou 3DS. Um conjunto mecânico LOM utiliza uma folha ininterrupta de material plástico, papel ou (menos geralmente) metal que é esticado sobre um estágio de fabricação por um arranjo de rolos de alimentação. Antes de dar forma a uma pergunta, um rolo aquecido ignora a folha de material em cima da fase de fabrico, dissolvendo a sua cola e apertando-a em cima da fase. Um PC mantém a velocidade do laser ou então a aresta de corte nesse ponto corta o material no exemplo cobiçado.

MODELAÇÃO POR DEPOSIÇÃO FUNDIDA

Trata-se de um processo de impressão 3D que utiliza um filamento constante de uma substância termoplástica. Este é alimentado a partir de uma grande bobina, de ponta a ponta de uma cabeça de extrusão de impressora em movimento e aquecida. O material líquido é limitado para fora do bocal da cabeça de impressão e é armazenado em cima da peça de trabalho em desenvolvimento. A cabeça é controlada, sob PC, no sentido de caraterizar a forma impressa. Tipicamente, o extrusor desloca-se em camadas, tocando em duas medidas para armazenar um único plano plano num dado momento, movendo-se ligeiramente para baixo para iniciar outro corte. A velocidade da cabeça do extrusor pode igualmente ser controlada.

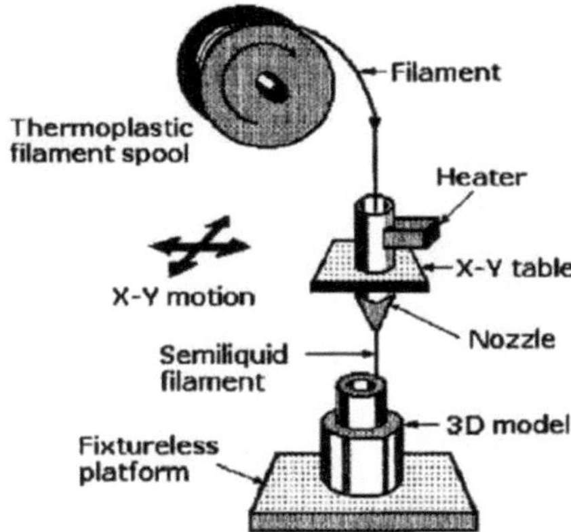

Fig: 4.6 Modelação por deposição fundida

O fabrico de feiras combinadas foi criado pelos indivíduos da empresa Ripraps para dar uma expressão que seria legitimamente irrestrita na sua utilização, dadas as licenças que cobrem a demonstração de declarações juramentadas fundidas (FDM).

PROTOTIPAGEM RÁPIDA À BASE DE PÓ

Neste tipo de processo de prototipagem rápida, o material utilizado é em pó e é transformado numa forma forte através da utilização de feixes de laser.

SINTERIZAÇÃO SELECTIVA POR LASER

É um método que utiliza um laser como recurso de energia para sinterizar material em pó, apontando o laser consequentemente para focos no espaço caracterizados por demonstrações 3D, restringindo o material em conjunto para fazer uma formação forte. É como a sinterização direta de metal a laser (DMLS); os dois são instanciações de uma ideia semelhante, mas contrastam em pontos de interesse especializados. A liquefação particular a laser (SLM) utiliza uma ideia equivalente, mas na SLM o material é completamente amolecido em vez de sinterizado, permitindo propriedades distintas (estrutura de gema, porosidade, etc.).

O SLS (e, além disso, os outros procedimentos AM especificados) é uma inovação moderadamente nova que, até agora, tem sido basicamente utilizada para prototipagem rápida e para a geração de baixo volume de peças de segmento. A criação de empregos está a crescer à medida que a comercialização da inovação AM progride.

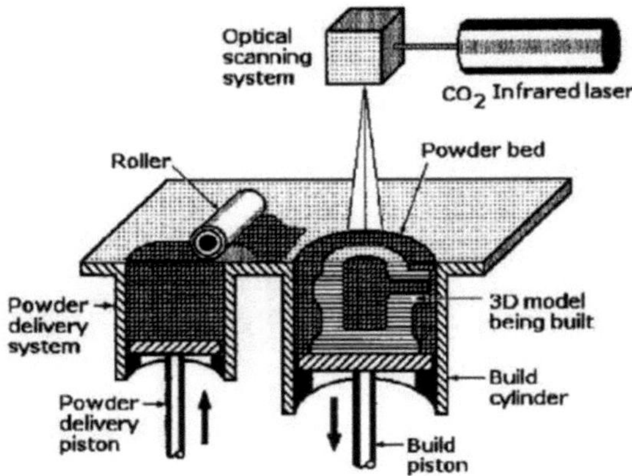

Fig: 4.7 Sinterização selectiva por laser

MODELAÇÃO DA REDE CONCEBIDA POR LASER (LENTE)

A modelação líquida por engenharia laser (LENS) é um tipo de processo de AM que é utilizado principalmente para materiais metálicos. Este método é muito semelhante ao SLM, com uma ligeira diferença. Nesta técnica, uma cabeça controlada por computador move-se acima de uma superfície e os materiais em pó são alimentados em bocais que são coaxiais com a cabeça do laser. Uma pressão de ar ou de gases inertes impulsiona a matéria-prima para a ponta do laser e, após atingir a superfície de deposição, os materiais são fundidos por um ponto de laser focalizado com densidades de energia ajustáveis. À semelhança do SLM, a densidade das peças fabricadas pelo LENS é superior a 99% e têm um desempenho fiável em ambientes mecânicos e químicos. Este processo é capaz de fabricar geometrias complexas e, mais uma vez, à semelhança de outros processos de AM, para alguns projectos, necessita de suportes e saliências para reduzir a distorção das peças durante o processo. Por outro lado, o fluxo de matéria-prima pode facilitar o arrefecimento dos materiais depositados e aumentar a densidade e a integridade da estrutura. Embora este processo seja baseado em pó, a literatura refere que podem ser utilizados varões, fios e partículas maiores como materiais de alimentação.

O LENS é capaz de fabricar materiais duros e difíceis de cortar, como conel, NiTi, aço inoxidável e alguns outros metais macios, como alumínio e cobre. Como é sabido, o alumínio e o cobre têm uma elevada refletividade e dificultam o processamento laser, mas neste método, este efeito negativo é minimizado ou, em alguns casos, é eliminado. Os parâmetros que afectam o processo e a qualidade dos componentes são a taxa de alimentação dos materiais, a refletividade dos materiais, o ponto de fusão da matéria-prima, a potência do laser e a velocidade de varrimento do laser. Ao ajustar estes parâmetros, existe uma vasta gama de flexibilidade no fabrico de diferentes materiais. A única deficiência do LENS em relação ao SLM é a sua menor precisão geométrica, que exige um pós-processamento, como a maquinagem a alta velocidade. Além disso, foi mencionado que, em algumas peças complexas, é essencial um tratamento térmico de finalização. Dito isto, a vantagem mais significativa deste processo é o facto de poder depositar materiais em pontos que necessitam de ser preenchidos. Por exemplo, em moldes e matrizes de conformação dispendiosos, se existir um orifício, uma fenda ou qualquer outro problema físico, este pode ser facilmente preenchido com um material desejado utilizando LENS.

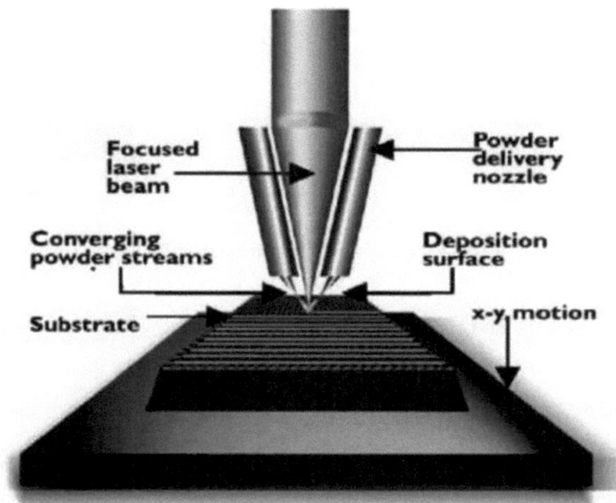

Fig: 4.8 Modelação de redes por engenharia laser

IMPRESSÃO 3D

A impressão 3D é um método de fabrico aditivo. Cada impressão 3D começa enquanto um registo de arranjo 3D impulsionado semelhante a uma impressão azul usada para um modelo de material. O relatório da estrutura é cortado em uma camada fina que é enviada em seguida para a impressora 3D. A partir deste momento, a metodologia de impressão avança com o avanço, as impressoras da região de trabalho inicial para quebrar um material plástico e colocá-lo em um estágio de impressão na direção de imensas máquinas mecânicas que usam um laser para derreter explicitamente o pó de metal em altas temperaturas. A impressão é capaz de levar horas para ser concluída dependendo da dimensão, com os modelos impressos é tão freqüentemente quanto possível presente cuidado em realizar o envoltório desejado. Os materiais abertos, da mesma forma, contrastam com a forma da impressora, estendendo-se de plásticos a flexíveis, arenito, metais e misturas - com um número regularmente crescente de materiais que parecem acessíveis de forma confiável.

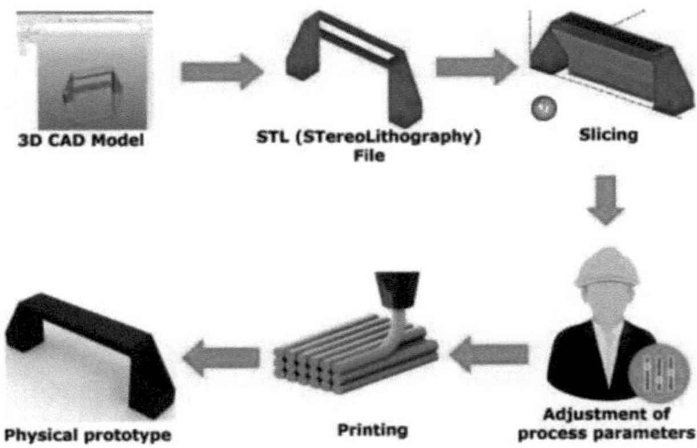

Fig: 4.9 Etapas da impressão 3D

APLICAÇÃO DA IMPRESSORA 3D

A impressão 3-D foi originalmente desenvolvida para fins de prototipagem rápida, produzindo amostras físicas menos complicadas. Permitiu aos designers identificar e retificar falhas de conceção de forma rápida e barata, acelerando assim o processo de desenvolvimento do produto e minimizando os riscos comerciais. Seguem-se algumas aplicações de uma impressora 3D descritas abaixo.

Setor aeroespacial e automóvel

O sector aeroespacial e automóvel, com a ajuda de componentes impressos em 3D que são utilizados em aviões e peças, pesam menos 70%, mas são tão resistentes como as peças convencionais, o que indica uma redução dos custos e das emissões de carbono e de partículas indesejadas. Utiliza menos matérias-primas e fabrica peças menos pesadas e complicadas, mas com maior resistência.

Medicina

O sector médico é uma das áreas de utilização mais promissoras. Está a ser aplicada para fazer face a muitas situações médicas e desenvolver a investigação médica, combinando também o domínio da "medicina regenerativa". Em 2012, utilizando uma impressora 3-D, engenheiros e médicos de Hasselt experimentaram com sucesso o primeiro instrumento de transplante de maxilar protético específico para um doente.

Fabrico rápido

Os avanços na Prototipagem Rápida apresentaram materiais que são necessários para o fabrico final, levando à possibilidade de fabricar componentes e peças acabadas.

Personalização em massa

Muitas indústrias têm prestado serviços em que as pessoas podem recriar os seus objectos de desejo implementando um simples software de personalização baseado na Web. Isto permite agora que os clientes reproduzam as capas dos seus telemóveis. A Nokia apresentou os desenhos 3D dos seus telemóveis para que os proprietários possam recriar a sua própria capa de telemóvel.

PROCESSO DE IMPRESSÃO 3D

O processo de impressão 3D pode ser descrito e definido nas seguintes etapas

Criação de modelos CAD

Inicialmente, o objeto a ser impresso em 3D é concebido utilizando um software de desenho assistido por computador (CAD). Os modeladores sólidos, por exemplo, CATIA e SOLID WORKS, têm tendência a representar os objectos 3D com mais precisão do que os modeladores de estrutura de arame, por exemplo, AutoCAD. Este procedimento é comparativo para a maioria dos métodos de construção de Prototipagem Rápida.

Conversão para o formato STL

Os diferentes modelos CAD utilizam métodos diferentes para apresentar peças sólidas. Para manter a consistência, o formato Sterolithography foi seguido como o padrão da indústria de impressão 3D.

Cortar o ficheiro STL

É efectuado um programa de computador de pré-processamento que prepara o formato STL que vai ser construído. Existem numerosos programas que permitem ao utilizador ajustar o modelo. O programa de pré-processamento corta o modelo de estereolitografia em várias camadas de 0,01 mm a 0,7 mm de espessura, tendo em conta o método de construção. O programa cria igualmente uma estrutura auxiliar para ajudar o modelo durante a construção. As estruturas sofisticadas são obrigadas a utilizar um suporte auxiliar.

Construção camada a camada

Esta é a construção efectiva da peça. Utilizando uma das várias técnicas, as máquinas RP constroem uma camada de cada vez a partir de polímeros ou de metal em pó

VANTAGENS DA PROTOTIPAGEM RÁPIDA

> Podem fazer geometrias 3D complexas.

> O planeamento do processo baseia-se regularmente num modelo CAD.

> Não participam em instalações ou portagens exactas.

> O seu funcionamento requer uma intervenção humana mínima ou nula.

LIMITAÇÕES DA PROTOTIPAGEM RÁPIDA

> Existem opções limitadas de materiais, que são de natureza proprietária e dispendiosos.

> O acabamento da superfície é muito mau.

> Fraca precisão e estabilidade dimensional.

> Anisotropia.

CAPÍTULO 5
MATERIAL

INTRODUÇÃO

Neste estudo, as propriedades mecânicas, o comportamento de corrosão em fluidos corporais simulados e a biocompatibilidade das ligas de magnésio e das ligas de zinco são caracterizados e comparados. São apresentadas as caraterísticas positivas e negativas destes grupos de ligas biodegradáveis. Nesta comparação, são utilizados tanto resultados da literatura científica como os resultados dos próprios autores.

MAGNÉSIO

O magnésio é um elemento essencial para as funções biológicas corretas do corpo humano. Apoia uma série de reacções enzimáticas, influencia positivamente as funções cardíacas, neurológicas e digestivas. Também promove o crescimento correto dos ossos humanos. Um corpo adulto médio contém aproximadamente 30g de magnésio concentrado principalmente nos músculos e ossos. A dose diária recomendada de magnésio é de cerca de 400 mg e a deficiência de magnésio pode causar problemas cardíacos e vasculares. Por isso, o magnésio está contido em muitos tipos de medicamentos e suplementos alimentares. A dosagem excessiva de magnésio é rara, porque o corpo humano consegue regular corretamente a quantidade de Mg e o excesso de Mg pode ser excretado com sucesso pelos rins.

Tanto os testes in vitro com culturas de células como os testes in vivo com animais mostram que a biocompatibilidade do magnésio puro é, em geral, muito boa. No caso das ligas de Mg, a biocompatibilidade depende dos elementos de liga. As ligas de Mg que contêm zinco, manganês, cálcio e metais de terras raras apresentam geralmente uma biocompatibilidade aceitável. Estas ligas, depois de implantadas nos tecidos humanos, degradam-se progressivamente sem reacções alérgicas e inflamatórias. As ligas de magnésio representam o único grupo de materiais que já foram aplicados em testes pré-clínicos com pacientes humanos.

Está envolvida na formação do osso e nas enzimas envolvidas no metabolismo dos aminoácidos, colesterol e hidratos de carbono [4].

COBRE

Abundante e altamente condutor, o cobre é adequado para aplicações eléctricas e térmicas. Também é altamente resistente a bactérias, o que o torna uma escolha frequente de revestimento para dispositivos médicos. O cobre é um elemento essencial para o bom funcionamento das células. Está envolvido na regulação do metabolismo do ferro.

ZINCO

Tal como o magnésio, o zinco é um elemento muito importante para as funções corretas do corpo humano. Em quantidades vestigiais, apoia o sistema imunitário, a síntese de enzimas, proteínas, etc. O zinco é geralmente considerado como um elemento relativamente não tóxico, apesar da dose diária recomendada de zinco ser de 40 mg, ou seja, inferior à do magnésio. As sobredosagens de 150 mg por dia, a curto prazo, não causam problemas significativos. No entanto, os dados disponíveis sobre a biocompatibilidade das ligas de Zn são muito limitados. Os primeiros testes in vivo foram efectuados recentemente, nos quais o fio de Zn foi implantado na aorta de ratos experimentais. Não foram detectadas reacções negativas ou inflamatórias, o que indica uma boa biocompatibilidade do zinco. No entanto, estes testes devem ser considerados preliminares e são necessárias muito mais experiências in vitro e in vivo para verificar o comportamento biológico do zinco.

Componente de múltiplas enzimas envolvidas na manutenção da integridade estrutural das proteínas e na regulação da expressão genética [4]

ZAMAK

A liga Zama, ou melhor, as ligas Zamak foram desenvolvidas em 1929 pela New Jersey Zinc Company. O nome ZAMAK é composto pelas iniciais alemãs dos elementos que compõem a liga, a saber: Z (Zinco), A (Alumínio), MA (Magnésio), K (Kupfer - cobre)

A utilização do ZAMAK na fundição injectada tem várias vantagens. São elas

- Resistência aos choques, ao desgaste e à corrosão
- Versatilidade no acabamento dos artigos
- Elevada precisão da fundição
- Poupança
- Ciclo de produção com baixo impacto no ambiente
- reciclabilidade

Zamak é uma família de ligas com um metal de base de zinco e elementos de liga de alumínio, magnésio e cobre. As ligas de zamak fazem parte da família das ligas de zinco e alumínio. As ligas de zamak mais comuns são designadas por zamak 2, zamak

3, zamak 5 e zamak 8. Estas ligas são mais frequentemente utilizadas para a fundição injectada.

CAPÍTULO 6
METODOLOGIA

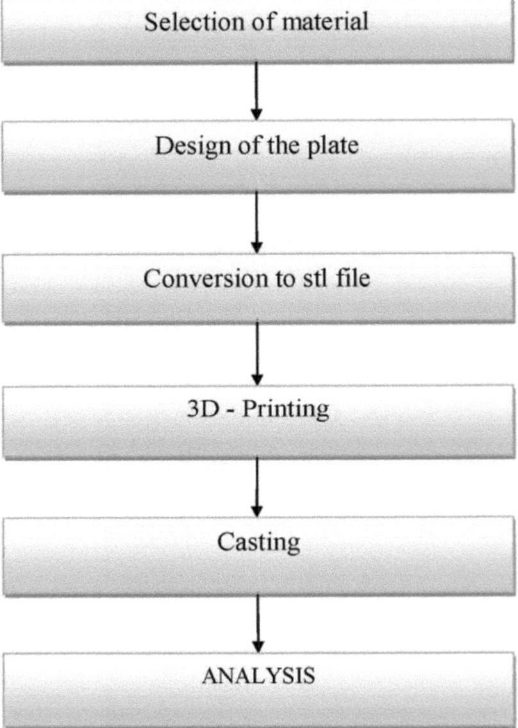

Fig. 6.1: Gráfico da metodologia

CAPÍTULO 7
PROCESSO EXPERIMENTAL

SELECÇÃO DO MATERIAL

Com base no estudo de investigação efectuado para o fabrico de placas de fratura da mandíbula, foi escolhida a liga de Zamak, por ter composições relativamente iguais de metais bio-compactáveis.

CONCEPÇÃO DA PLACA

Em primeiro lugar, pretende-se desenhar a placa com as dimensões no software CATIA V5 R20, conforme dados recolhidos na Internet.

CATIA significa (Computer Aided Three-dimensional Interactive Application). É uma programação CAD comercial utilizada para modelação física em diferentes empresas, incluindo a mecânica e a aeroespacial. Foi criado pela Desalt Systems em meados dos anos 80, basicamente para o sector aeronáutico.

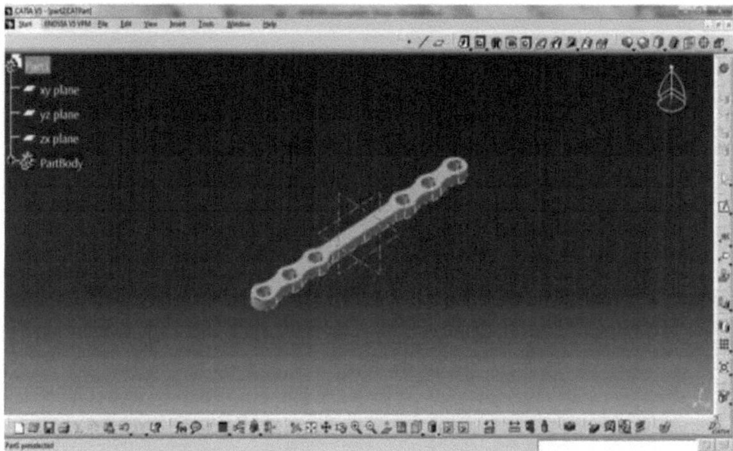

Fig. 7.1: Desenho da placa de fratura utilizando CATIA

CONVERSÃO PARA FICHEIRO STL

O desenho é feito num ficheiro de peça catia que é guardado como CATPart. Primeiro, temos de mudar o formato do ficheiro para stl. Depois de desenhar a peça, esta é guardada como ficheiro stl selecionando o formato de ficheiro. Em seguida, o ficheiro é guardado em stl. Agora, o ficheiro .stl será aberto no software frackory para fazer a peça na impressora 3D.

3D - IMPRESSORA

JULIA+ 3D PRINTER: A impressora 3D Julia+ nas tecnologias de prototipagem rápida, uma das técnicas é o fabrico aditivo, que é o procedimento pelo qual o material será depositado por depósito para enquadrar o produto tangível necessário. Na produção de substâncias adicionadas, são utilizadas inovações FDM. A impressão 3D é uma ajuda para a indústria de protótipos. Com base nos dados de entrada fornecidos, a impressão é efectuada.

Fig. 7.2: Impressora 3D de secretária Julia +

ESPECIFICAÇÕES DA MÁQUINA DE IMPRESSÃO 3D

Tecnologia de impressão	Modelação por deposição fundida
Volume de construção	210*250*260 mm^3
Resolução da camada	Precisão de 317 a 127
Precisão dimensional	XY:50-100 microns, Z:20-50 microns
Diâmetro do filamento	1,75 mm
Diâmetro do bocal	0,3 mm - 0,8 mm
Compatibilidade de filamentos	PLA, ABS, NYLON, etc.

Tabela 7.1: Especificações da impressora 3D

ENTRADA PARA A IMPRESSORA 3D

A partir do software fracktory podemos dar os comandos de entrada para a impressora 3D para fazer o modelo. Com base nos dados de entrada, a qualidade da impressão depende.

Agora o ficheiro de desenho é importado para o software fracktory. Os dados de entrada necessários são indicados nas definições. Não é possível fornecê-los diretamente à impressora, os dados fornecidos são guardados no cartão de memória em formato g-code. g-code significa códigos generativos. A peça pode ser impressa na impressora Julia +. Insere-se o cartão de memória na impressora e faz-se a configuração como imprimir a partir do cartão de memória. De seguida, inicia-se a impressão.

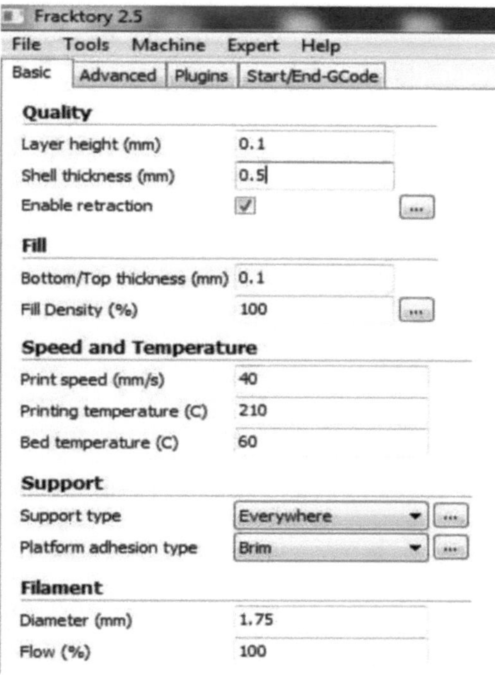

Fig. 7.3: Parâmetros de entrada

Espessura da camada

A espessura da camada pode variar entre 0,06 mm e 0,25 mm. A altura da camada de 0,06 mm permite um acabamento suave. É necessário um período suplementar em comparação com 0,25 mm. Impressora FRACKTAL WORKS JULIA +3D. Neste tipo de máquina, a altura da camada começa a partir de 0,06 mm. A altura da camada de 0,25 mm é utilizada para superfícies com acabamento irregular. Este processo é muito mais rápido quando comparado com a altura de camada de 0,06 mm. A precisão é muito boa para uma altura de camada de 0,06 mm.

Espessura da casca

O aumento da espessura da casca aumenta a resistência da peça. Este tipo de máquina de impressão 3D pode aumentar a espessura da casca em múltiplos de dois.

Densidade de enchimento

A percentagem de enchimento da parte interior de uma peça é designada por densidade de enchimento. Normalmente, para uma resistência máxima, seleciona-se 100%, para secções fracas e secções ocas, seleciona-se 0% de densidade de enchimento. Para uma resistência moderada, a densidade de enchimento é de 20%.

Estrutura de apoio

O processo FDM começa com o corte do modelo em várias camadas. O filamento vai-se formando camada a camada de acordo com os códigos G e M fornecidos pelo software de corte. O filamento derretido vai solidificar num curto espaço de tempo para formar uma camada. Se o modelo de desenho tiver alguma sobreposição, podem ser geradas estruturas de suporte para imprimir o modelo.

Fig. 7.4: Impressão das placas

FUNDIÇÃO

A fundição é um método de fabrico aditivo. Durante este método, a estrutura do produto é construída num molde com areia verde e, em seguida, é retirado o metal com o qual se pretende fabricar o produto, que é fundido no estado líquido por aquecimento na câmara do forno e, em seguida, vertido no molde, aguardando que arrefeça e, em seguida, retirando o molde, limpa a superfície da partícula e remove as substâncias indesejadas da partícula do molde.

O metal Zamak é derretido e vertido no molde para fazer as placas de fratura.

Fig. 7.5 Fundição

Após a fundição, a placa é submetida a alguns trabalhos de maquinagem, como a perfuração e a retificação. O produto final é o apresentado na figura abaixo.

Fig. 7.6: Saída final da placa de fratura

ENSAIOS E ANÁLISES

O ensaio e a análise são efectuados na máquina UTM e no software ANSYS. A análise é efectuada para testar a resistência do espécime até onde este pode suportar e os resultados são explicados no capítulo seguinte.

CAPÍTULO 8
ENSAIOS E RESULTADOS

Máquina UTM

A máquina de ensaio universal também é chamada de testador universal. A palavra universo mostra que, ao utilizá-la, é possível efetuar muitos testes, tais como

1. Ensaio de tração
2. Ensaio de compressão
3. Ensaio de flexão / flexão
4. Ensaio de ductilidade
5. Ensaio de fadiga
6. Ensaio de cisalhamento
8. Ensaio de torção

ESPECIFICAÇÕES DA MÁQUINA UTM

MODELO: INSTRON 3369

S.N.	PARÂMETROS	EXIGIR ESPECIFICAÇÕES
1	Capacidade de carga	5KN
2	Velocidade máxima	500 mm/min
3	Velocidade mínima	0,005 mm/min
4	Força máxima a toda a velocidade	25KN
5	Velocidade máxima à velocidade máxima	250 mm/min
6	Velocidade de retorno	500mm/min
7	Curso total da cruzeta	1122 mm
8	Espaço de ensaio vertical total	1193 mm
9	Espaço entre colunas	420 mm
10	Dimensões (A*L*P)	1582mm X 756mm X707mm
11	Peso com célula de carga vertical	141KG

12	Potência máxima necessária	700VA

Tabela 8.1: Especificações da máquina UTM

Ensaio de flexão

O ensaio de flexão, também conhecido como ensaio de flexão ou ensaio de flexão, é normalmente efectuado para medir a resistência à flexão e o módulo de todos os tipos de materiais e produtos.

A flexão de um material ou produto pode ser testada utilizando uma ferramenta de maquinagem de flexão.

Uma máquina de dobragem universal consiste numa máquina de base que pode ser ajustada e utilizada para uma variedade de dobras. A máquina básica consiste numa máquina operada por CNC (controlo numérico computorizado), uma bancada de trabalho e software para programação e operação. Existem três análises principais quando se efectua um ensaio de dobragem: o módulo de flexão, que mede a inclinação, a curva tensão-deformação e a rigidez dos materiais; a resistência à flexão, que mede a força máxima a que um material pode resistir antes de se partir ou ceder; e o ponto de cedência de um material, que é o ponto em que o material não consegue recuperar a sua forma normal.

Dobragem de três pontos e quatro pontos

A rigidez de flexão, o módulo de elasticidade e outras quantidades relacionadas podem ser determinadas quando os valores de flexão de três pontos são dados. A vantagem da utilização do ensaio de flexão em três pontos é a facilidade de preparação e ensaio dos provetes. Por isso, a flexão de três pontos será o módulo na parte prática deste trabalho de tese.

O ensaio de flexão de quatro pontos é muito semelhante ao ensaio de flexão de três pontos. A principal diferença é a adição de um quarto apoio, que leva uma porção muito maior da viga à tensão máxima. Esta diferença deve ser tida em conta quando se estudam, por exemplo, os materiais frágeis, uma vez que pode ser utilizada para indicar a resistência à flexão e a iniciação de fissuras, por exemplo, no caso de misturas de asfalto utilizadas na pavimentação de estradas.

Fig. 8.1: Ensaios de flexão na máquina UTM

Na máquina UTM, o teste de flexão de três pontos é efectuado para testar a resistência da placa até ao nível de carga que pode suportar. Os espécimes são testados, os resultados e o gráfico são representados abaixo.

Espécime	Carga máxima (kN)	Tensão máxima (MPa)
Zn-1	0.08	132.01
Zn-2	0.1	166.88
Zn-3	0.11	188.56
Zn-4	0.08	138.07

Tabela 8.2: Resultados da análise da máquina UTM

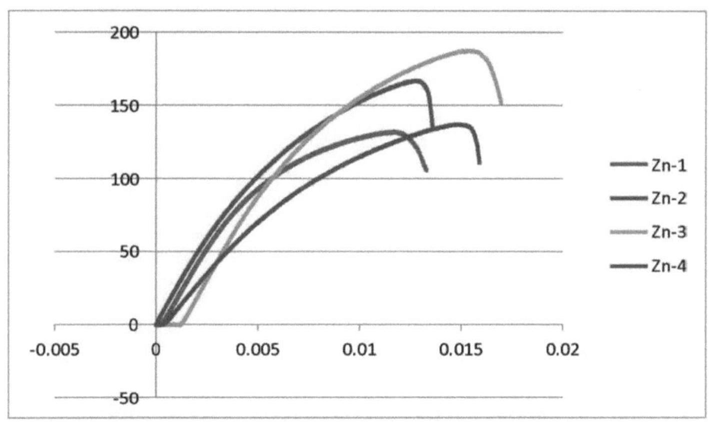

Gráfico 1: Gráfico de tensão-deformação

SIMULAÇÃO DE TRABALHOS EXPERIMENTAIS EFECTUADOS EM AMOSTRAS

ANSYS WORKBENCH

Análises Acopladas Quando foi fundada, a ANSYS era apenas um solucionador estrutural; após numerosas aquisições da indústria, a ANSYS Inc. é agora o líder global em simulação de engenharia, capaz de realizar análises estruturais, de fluidos, electrónicas, de transferência de calor, electromagnéticas, de dinâmica explícita e multifísicas. Esta secção apresenta uma visão geral da metodologia de solução da análise acoplada Fluent/ANSYS Mechanical. O ANSYS Workbench fornece o controlo ao nível do projeto necessário para criar facilmente um sistema de análise personalizado e abrangente, fornecendo módulos de sistema de arrastar e largar que permitem a criação de geometria, geração de malhas, configuração e monitorização de análises e pós-processamento para todos os programas do conjunto Workbench.

Nesta secção, são explicados os passos necessários para realizar uma análise estrutural no ANSYS. É necessário identificar os passos mais aborrecidos e demorados e tentar automatizá-los para reduzir o tempo de simulação de EF e evitar a interação constante do utilizador com a ferramenta de EF. De seguida, apresenta-se a lista de passos.

Geometria

O primeiro passo a dar para efetuar a análise é definir a geometria a ser avaliada. Esta geometria é normalmente feita num software CAD e posteriormente importada para um programa de EF dedicado.

Material

Depois de definir a geometria, o passo seguinte é atribuir um material a essa geometria. Dependendo do tipo de análise, algumas propriedades têm mais importância do que outras. Para uma análise estrutural, o módulo de Young e o coeficiente de Poisson são os mais importantes. A importância de automatizar este passo é evitar a necessidade de selecionar manualmente o material desejado a partir de uma longa lista localizada no ANSYS, especialmente quando o utilizador sabe de antemão o nome do material. Os passos seguintes são demorados e iterativos e requerem uma supervisão constante por parte do utilizador, daí a razão para os automatizar.

Malha

Um dos passos mais relevantes na Análise de Elementos Finitos é a criação da malha. A velocidade e a precisão dos resultados têm uma relação direta com a forma como esta parte é feita. Quanto maior for o número de nós, maior será a precisão dos resultados, mas a velocidade da simulação diminui.

Pré-processamento

Após a criação da malha da estrutura, as condições de fronteira têm de ser aplicadas no modelo. Para obter a tensão, o algoritmo calcula primeiro os deslocamentos, daí a necessidade de fixar o modelo. Além disso, após a fixação do modelo, as condições de carga que influenciam a estrutura são dadas como entradas para a análise.

Pós-processamento

O passo final consiste em executar as simulações, mas antes é necessário especificar quais os resultados pretendidos pelo utilizador. Para determinar se o modelo pode resistir às cargas que lhe são aplicadas, é necessário conhecer, por exemplo, a tensão máxima de Von Mises e o deslocamento.

Conhecendo estes resultados, o utilizador pode compará-los com os dados do material utilizado e, aplicando o fator de segurança, pode determinar se a estrutura é suficientemente rígida. Outra utilização é a possibilidade de extrair os resultados automaticamente para a possibilidade de otimizar a estrutura.

PASSOS GERAIS PARA RESOLVER QUALQUER PROBLEMA NO ANSYS

Primeiro, importar o modelo do provete para a plataforma de trabalho do ANSYS

1. Selecionar dados de engenharia, adicionar material e respectivas propriedades
2. Gerar a malha
3. Após a criação da malha, a carga é aplicada na peça sólida

4. Depois de aplicar as cargas, temos de analisar as soluções
5. Quando a análise é efectuada no ANSYS, a tensão é de cerca de

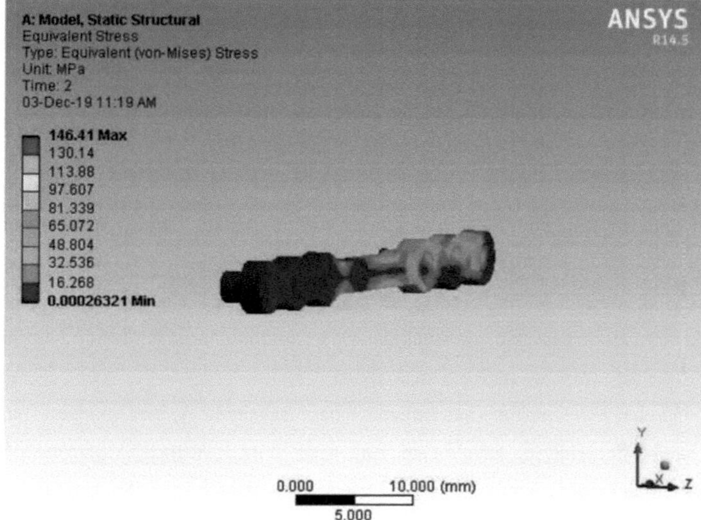

Fig. 8.3: Análise Ansys

A análise ANSYS é efectuada com base numa abordagem em tempo real para testar o espécime. Quando uma carga de 110N é aplicada ao provete como carga de distribuição variável, a tensão máxima é de 146,41MPa. Quando comparada com a resistência do material, esta será menor. Assim, o espécime pode suportar uma certa quantidade de carga. Devido aos suportes dos parafusos, a placa partilha a carga com os parafusos.

CAPÍTULO 9
CONCLUSÃO

Neste caso, a placa do espécime é concebida com 6 orifícios e o design é anatomicamente compactável, tendo sido concebido no software CATIA. A placa de fratura é fabricada com tecnologia de impressão 3D baseada na modelação por deposição fundida, que é um tipo de método de fabrico aditivo.

A partir daqui, o fabrico de uma placa de fratura mandibular em osteossíntese pode ser feito utilizando um método de fabrico aditivo indireto. Para o fabrico, é menos dispendioso do que a produção por máquina EBM (maquinagem por feixe de electrões) para peças pequenas. Assim, o custo de fabrico é reduzido em comparação com o processo de maquinagem não convencional e o custo do material também é inferior ao de outros metais utilizados para a fixação óssea.

O zinco e as suas ligas são utilizados para fins médicos, mas não para fixação interna (ou) osteossíntese. Atualmente, está a ser feita investigação para encontrar materiais biodegradáveis em metais. O zinco e o magnésio estão próximos das propriedades biodegradáveis porque estão presentes no corpo. Assim, as ligas de zinco podem ser utilizadas para a osteossíntese, mas numa composição limite exigida pelo organismo. O zinco pode ser combinado com titânio ou aço inoxidável no processo de fabrico.

REFERÊNCIAS

[1] Voto D. Ch, J.Kubasek, J.Serak, P.Novak," Propriedades mecânicas e de corrosão de ligas biodegradáveis à base de Zn recentemente desenvolvidas para fixação óssea"

[2] Xiang Wang, Xiaoxi Shao, Taiqiang Dai "Estudo in vivo da eficácia, biossegurança e degradação de um sistema de osteossíntese de liga de zinco"

[3] T.Jayachandra Pillai, T.Sobha Devi, C.K.lakshmi Devi," Estudos sobre mandíbulas humanas"

[4] Paula Trumbo, PhD, Allison A Yates, PhD, Rd Sandra Schlicker, PhD, Marypo Os, PhD "Dietary Reference Intakes: Vitamina A, Vitamina K, Arsénio, Boro, Crómio, Cobre, Iodo, Ferro, Manganês, Molibdénio, Níquel, Silício, Vanádio e Zinco"

[5] "Conceção e caraterização de novas ligas biodegradáveis de Zn-Cu-Mg para potenciais implantes biodegradáveis" Zibo Tang, Hua Huang, Jialin Niu, Lei Zhang, Hua Zhang, JiaPei, Jinyun Tan, Guangyin Yuan.

[6] "Conceção e fabrico de placas ósseas para a tíbia posterior utilizando uma impressora 3d", C.M.Meenakshi, Karthikeyan.D

[7] Jiri KUBASEK, Dalibor Vojtech" Zn-Based Alloys as an Alternative Biodegradable Materials".

[8] M. Kasiri-Asgarani, S. Farahany" Fabrico de uma liga de Zn-Al-Mg biodegradável: Propriedades mecânicas, comportamento de corrosão, citotoxicidade e actividades antibacterianas".

[9] Propriedades do Zamak "disponíveis em https://www.makeitfrom.com/material- group/Zinc-Alloy

[10] O papel do sistema de placas de titânio tridimensional indígena nas fracturas mandibulares

[11] https://www.patriotfoundry.com/news/zinc-alloy-vs-stainless-steel/

[12] https://prototechasia.com/en/evolution-of-rapid-prototyping

[13] https://www.pressfinmetal.it/eng/information-about-zamak.html

[14] https://www.webmd.com/vitamins/ai/ingredientmono-982/zinc

Printed by Books on Demand GmbH, Norderstedt / Germany